MapleStory
数学应用漫画

U0162574

冒险岛
数学奇遇记55

循环小数的运用

〔韩〕宋道树／著 〔韩〕徐正银／绘 张蓓丽／译

台海出版社

图书在版编目（CIP）数据

冒险岛数学奇遇记. 55, 循环小数的运用 /（韩）宋道树著 ;（韩）徐正银绘 ; 张蓓丽译. -- 北京 :台海出版社, 2020.12（2023.12重印）

ISBN 978-7-5168-2777-2

Ⅰ.①冒… Ⅱ.①宋… ②徐… ③张… Ⅲ.①数学－少儿读物 Ⅳ.①01-49

中国版本图书馆CIP数据核字(2020)第198147号

著作权合同登记号　图字：01-2020-5318

冒险岛数学奇遇记.55，循环小数的运用

著　　者：〔韩〕宋道树　　　　绘　　者：〔韩〕徐正银
译　　者：张蓓丽

出 版 人：蔡　旭　　　　出版策划：双螺旋童书馆
责任编辑：徐　玥　　　　封面设计：沈银苹
策划编辑：唐　浒　王　蕊　王　赢

出版发行：台海出版社
地　　址：北京市东城区景山东街20号　邮政编码：100009
电　　话：010-64041652（发行，邮购）
传　　真：010-84045799（总编室）
网　　址：www.taimeng.org.cn/thcbs/default.htm
E-mail：thcbs@126.com

经　　销：全国各地新华书店
印　　刷：固安兰星球彩色印刷有限公司
本书如有破损、缺页、装订错误，请与本社联系调换

开　　本：710mm × 960mm　　1/16
字　　数：185千字　　　　印　　张：10.5
版　　次：2020年12月第1版　　印　　次：2023年12月第3次印刷
书　　号：ISBN 978-7-5168-2777-2

定　　价：35.00元

前言

重新出发的《冒险岛数学奇遇记》第十辑，希望通过创造篇进一步提高创造性思维能力和数学论述能力。

我们收到很多明信片，告诉我们韩国首创数学论述型漫画《冒险岛数学奇遇记》让原本困难的数学变得简单、有趣。

1~30 册的**基础篇**综合了小学、中学数学课程，分类出 7 个领域，让孩子真正理解“**数和运算**”“**图形**”“**测量**”“**概率和统计**”“**规律**”“**文字和式子**”“**函数**”，并以此为基础形成“**概念理解能力**”“**数理计算能力**”“**理论应用能力**”。

31~45 册的**深化篇**将内容范围扩展到中学课程，安排了生活中隐藏的数学概念和原理，以及数学历史中出现的深化内容。此外，还详细描写了可以培养“**理论应用能力**”，解决复杂、难解问题的方法。当然也包括一部分与“**创造性思维能力**”和“**沟通能力**”相关的内容。

从第 46 册的**创造篇**起，《冒险岛数学奇遇记》以强化“**创造性思维能力**”和巩固“**数理论述**”基础为主要内容。创造性思维能力，是指根据某种需要，针对要求事项和给出的问题，具有创造性地、有效地找出解决问题方法的能力。

创造性思维能力由坚实的概念理解能力、准确且快速的数理计算能力、多元的原理应用能力及其相关的知识、信息及附加经验组成。主动挑战的决心和好奇心越强，成功时的愉悦感和自信度就越大。尤其是经常记笔记的习惯和整理知识、信息、经验的习惯，如果它们在日常生活中根深蒂固，那么，孩子们的创造性就自动产生了。

创造性思维能力无法用客观性问题测定，只能用可以看到解题过程的叙述型问题测定。数理论述是针对各种领域和水平（年级）的问题，利用理论结合“**创造性思维能力**”和“**问题解决方法**”解决问题。

尤其在展开数理论述的过程中，包括批判性思维在内的沟通能力是绝对重要的角色。我们通过创造篇巩固一下数理论述的基础吧。

来，让我们充满愉悦和自信地去创造世界看看吧！

出场人物

前情回顾

丽琳！
蒙

劳工僵尸的追杀让哆哆登上了吸血鬼大王的宝座，打开了魔界大门的德里奇因自己未能坚守魔法师的职责而自责不已，怀着忏悔的心情答应做宝儿的御前侍卫。另一边，哆哆一行人打晕了黑翼组织改造出的人造妖怪黑暗树桩之后，意外地在里面发现了丽琳……

哆哆

咬完默西迪丝之后拥有了吸血鬼大王的力量，得知丽琳是被黑翼组织人为改造成妖怪的，打算去他们的本部为丽琳报仇。

阿兰

作为利安家族的带头人正在迅速成长，在他们救出被人为改造成妖怪的丽琳之后，开始全心全意地照顾她。

默西迪丝

继承了精灵的血脉，为帮助哆哆发挥出吸血鬼王的力量主动让哆哆咬，并在此后更加坚定不移地相信哆哆。

欧卡

黑翼组织的队长，拥有美丽的外表，认为在目前这种情况下将成员改造成人造妖怪是不可避免的。

宝儿

从千年女巫变身为皇后，最近持续不断的噩梦让她陷入了不安当中。

皇后

照着德里奇画下的魔法阵乱画一通后掉入了极魔界，为了报复宝儿一直忍受着极魔界里严酷的训练。

俄尔塞伦公爵

皇后的哥哥，在妹妹的要求下不得已与她一起进入极魔界。

目 录

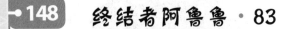

145

噢，我的英雄阿兰

DDDDDD

丽琳！
起身

你是……
哪位？
起

如果是被人为改造成妖怪的话，她就会失去以前的记忆。
果真变成了这样。
啊

这些坏蛋！

我的名字叫丽琳？
你什么都想不起来了吗？

梦……我只记得我做了一个很可怕的梦。
害怕
害怕
害怕

猛地
啊！

梦里我变成了一个怪物
到处袭击人……
发抖
发抖
发抖

忘了它吧，那不
过是个梦而已……

不是的，我现在
想起来了。其实
我就是那个怪物，
对吧？
呜
呜

这不是梦，怎
么办……
丽琳！
抱紧

是那些坏蛋害你变成那样的，这不是你的错！

那种事情以后再也不会发生了。我会保护你的！

啊

那个……
嗯，你说。

你把胳膊松开吧，我快喘不过气了……

一把推开

145章-1
突袭
判断题

害羞
害羞
害羞

那个……

你叫什么呀？

我叫阿兰。

*英雄：本领高强、勇武过人的人。

我记得是一位很厉害的英雄*救了我。
唰啦

正确答案 ○（解析见第165页）

那位英雄就是
阿兰你吧？

开心
真的非常感
谢你！

你就是我的
救命恩人。
那点事儿也不至
于要说感谢……

其实救你的不
是我，而是哆
哆大哥。
是吗？能请你出去帮我
把哆哆英雄叫过来吗？
尴尬

要不就这样吧……
哎哟

看你个头不大，
怎么会有那么大
的力气呀？
这跟个头没关系，
要想力气大什么
最重要呢？

鼓鼓
当然是肌肉啦！

要看吗？
哇啊……

看来我以后只要
跟着阿兰你就可
以了！
那是当然啦！

都冲我来吧，我
全给你解决掉！
哈哈

哈哈哈
嘿嘿嘿

他们干什么呢
这么开心?

别管他们，我们
还是继续说我们
的吧。

攻击黑翼本部太
鲁莽了。
对，这么直接攻进
去太不理智了。

145章-2
突袭
判断题

$2\frac{3}{7}$这种分数因为包含了整数与真分数，所以被称为“大分数”。

生气
就算你们这么认为，我也不会改变我的想法！竟然打着击退妖怪的名号把无辜的人改造成妖怪……简直不可原谅！

快告诉我黑翼本部到底在哪里。

对视

黑翼本部藏在魔法阵深处，一般人是进不去的。
紧张

您难道还不了解黑翼是一个多么可怕的组织吗？竟然想用这么不严谨的方法！
啊，知道了……

是吗？我伪装成黑翼组织的成员也不行吗？

正确答案 ×（解析见第165页）

这个世界上就
没有攻不下的
魔法阵。赶紧把
位置告诉我！

尴尬

我们出去聊一
下吧。
小声
嘟囔

嘎吱

你想跟我说
什么？

您为什么不阻止
吸血鬼王呢？

他那种性格是听不
进去别人劝阻的。
原来你早就知道
他认死理儿！

不过换个角度
看，这也是哆哆
的魅力。
还说是魅力，你
们两个果然是一
路人！

呃啊
你就让哆哆试试
吧。他不会让我
们失望的。
我不是失望，我
是绝望！

我要回协会，让他们
给我换任务。这个吸
血鬼王秘书我做不下
去了！
气
气
?

姐姐……
嗒嗒
嗒嗒

拜托你一件事……
是什么呀?

!
嘀嘀
咕咕

不要笑，我是很认真的。
噗

你别这样，还是跟她实话实说吧。告诉丽琳救她的是哆哆……
来不及了，丽琳现在非常信赖我……

145章-3
押宝
填空题

2.3 或 7.27 这类整数部分不为 0 的小数被称为（　）。

我不能让丽琳对我的
信赖变成一个笑话。
决心
噗

英雄先生！
吓一跳

你、你
别这么
叫我……
对哦！我们说好只
有我们两个人的时
候才这么叫的。

不过哆哆先生去
哪儿了？
你找哆哆干吗？

正确
答案
带小数（解析见第 165 页）

哆哆先生不是说自己的体质太孱弱*了，需要我们阿兰先生帮他锻炼身体嘛。
丽琳……
无语
你这谎话越说越没边儿了！

*孱弱：（身体）瘦弱。

我、我们去玩儿吧。
去哪儿玩？
嗒嗒嗒

要不去森林里玩儿吧。阿兰先生你的爱好不就是抓猛兽嘛，我们就去抓老虎、狮子玩吧！
晕
这谎话还越来越玄乎了。

默西迪丝！
嗒嗒嗒

我打听到黑翼本部的位置了。

一起去吧！
你说什么呢？太危险了，不行！

你在安全的地方等着就行了！你乖乖待在这里就是帮我了，知道吧？

我一直都很关心啊……
你从什么时候开始这么关心我了……
脸红红

两位，你们够了啊。
我现在很不舒服。

皮皮，你和我
一起去吧！
哎哟

知道了，我们
先准备准备吧。
准备什么！直
接去就行了。

我不是说了吸血鬼
王的法力被封印了，
需要精灵的帮助才
行嘛！
啊……这个？

赶紧准备吧。
这个上次不是
做过了嘛。
对啊。
脸红红

145章-4
押宝
填空题

最大的分数单位为（　　）。

！
什么时候？
就是和劳工僵尸
对战的时候……

那都是什么时候
的事儿了？效果
早就没有了！
怒气

啊，原来时不时
地要做啊……

这次还是吸血吧！
这个效果更好。
要、要不就这样？
哈哈
伸
知道了……

正确答案 $\frac{1}{2}$（解析见第 165 页）

您就把眼一闭
“嗷”一口咬下
去就行了。

肯定会疼的……

咬

您是在闹着玩儿吗？
愤怒
我咬不下去
……根本就
使不了劲儿。

还有其他
办法吗？
不知道……
真想打他一顿。

好吧，那我就再告诉你们一个办法。请你们面对面站好。

这样吗？

用力

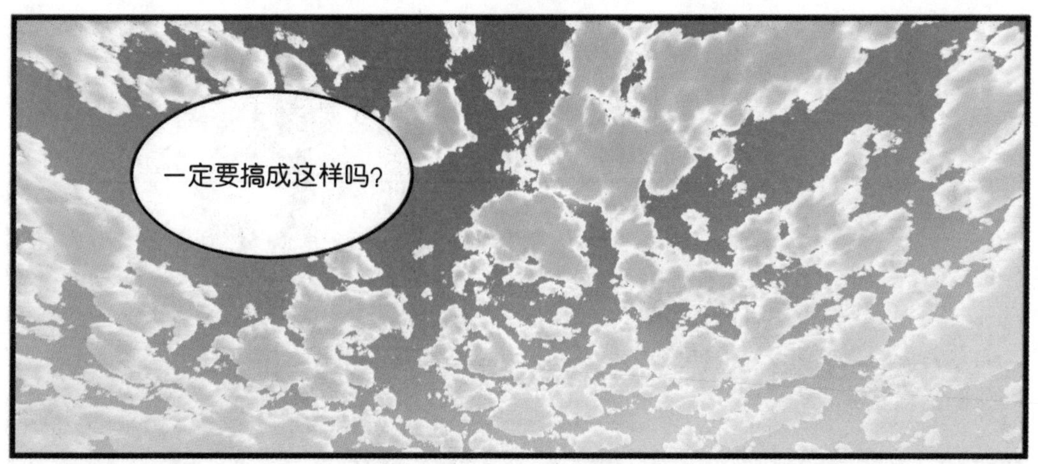
一定要搞成这样吗？

我要是只在旁边看着的话，你们肯定一直到现在都还在那儿推来推去，压根就出发不了，好吧！

嘎吱

嘎吱

嘎吱

就是这里！

培养创造力
和数理论述
实力
提高创造力数学教室

1 循环小数和循环节（1）

 数和运算　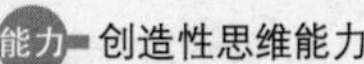 创造性思维能力

提示文

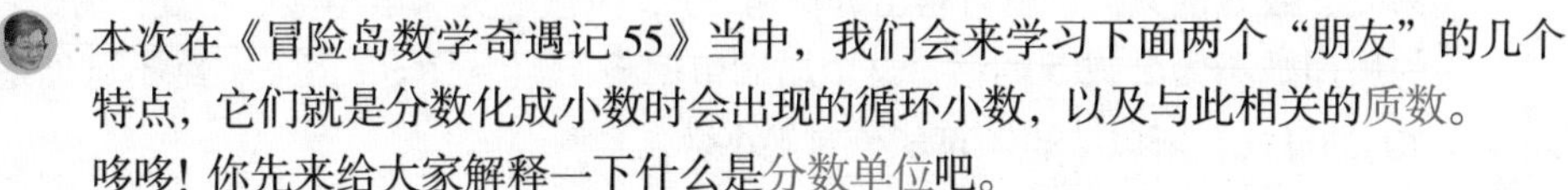

本次在《冒险岛数学奇遇记 55》当中，我们会来学习下面两个“朋友”的几个特点，它们就是分数化成小数时会出现的循环小数，以及与此相关的质数。哆哆！你先来给大家解释一下什么是分数单位吧。

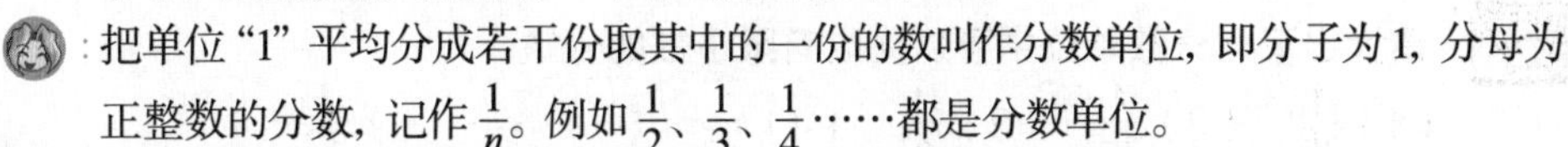

把单位“1”平均分成若干份取其中的一份的数叫作分数单位，即分子为 1，分母为正整数的分数，记作 $\frac{1}{n}$。例如 $\frac{1}{2}$、$\frac{1}{3}$、$\frac{1}{4}$……都是分数单位。

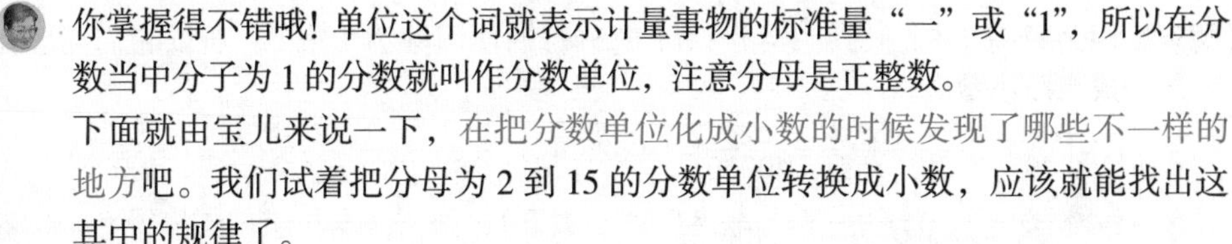

你掌握得不错哦！单位这个词就表示计量事物的标准量“一”或“1”，所以在分数当中分子为 1 的分数就叫作分数单位，注意分母是正整数。

下面就由宝儿来说一下，在把分数单位化成小数的时候发现了哪些不一样的地方吧。我们试着把分母为 2 到 15 的分数单位转换成小数，应该就能找出这其中的规律了。

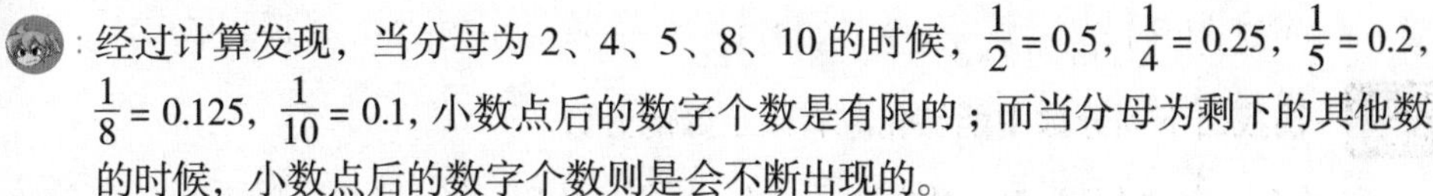

经过计算发现，当分母为 2、4、5、8、10 的时候，$\frac{1}{2}=0.5$，$\frac{1}{4}=0.25$，$\frac{1}{5}=0.2$，$\frac{1}{8}=0.125$，$\frac{1}{10}=0.1$，小数点后的数字个数是有限的；而当分母为剩下的其他数的时候，小数点后的数字个数则是会不断出现的。

正是如此。如果我们把这些小数点后不断出现的数字展开来看的话，又可以发现哪些规律呢？

如下所示，我们可以发现这样一个规律：某节数字会不断地反复出现。于是我就像下图这样，在反复出现的数字上面画了一条线。

$\frac{1}{3}=0.\overline{3}33\cdots$，　$\frac{1}{6}=0.1\overline{6}66\cdots$，　$\frac{1}{7}=0.\overline{142857}142857\cdots$，

$\frac{1}{9}=0.\overline{1}11\cdots$，　$\frac{1}{11}=0.\overline{09}09\cdots$，　$\frac{1}{12}=0.08\overline{3}33\cdots$，

$\frac{1}{13}=0.\overline{076923}076923\cdots$，　$\frac{1}{14}=0.0\overline{714285}714285\cdots$，　$\frac{1}{15}=0.0\overline{6}66\cdots$

很好。因为小数当中这些画线部分的数字会不断反复（循环）出现，所以这类小数就被称为循环小数。这些重复出现的某节数字就是这个循环小数的循环节，这节数字的长度（数字个数）就叫作循环节位数。

大家要注意“小数 p 的倒数 $\frac{1}{p}$ 的循环节位数”可以直接说为“小数 p 的循环节位数”。另外，循环小数的循环节只需出现一次即可，所以就会像 $\frac{1}{3}=0.\overline{3}$ 或 $0.\dot{3}$，$\frac{1}{14}=0.0\overline{714285}$ 或 $0.0\dot{7}1428\dot{5}$ 这样在循环节的上面画线或是在两端数字上点点儿。

论题1 在运用除法把分数单位 $\frac{1}{n}$ 化为小数的时候，如果除到某一位小数后不再有余数的话，就称 $\frac{1}{n}$ 为有限小数。请试着说明一下分数单位在哪种情况下是有限小数。

〈解答〉假设 $\frac{1}{n}$ 为有限小数的话，那么就可得 $\frac{1}{n}=0.m_1m_2\cdots m_k=\frac{m_1m_2\cdots m_k}{10^k}$ 这个式子。也就是说，这时它是一个分母为 10 的乘方（10^k）的等值分数。由此可知，在分母 n 被 2 或 5 的乘方 $2^p\times5^q$ 进行整数分解的时候，若把分母和分子各自乘以 2 或 5 的乘方，就可得出分母为 10^k，所以 $\frac{1}{n}$ 为有限小数。相反，假设 n 的质因数不为 2 或 5 的话，这个质因数就与 10（=2×5）互质，绝不可能是 10^k 的形式，所以 $\frac{1}{n}$ 也不可能为有限小数。

应用问题❶ 请找出下列分数单位中可以化成有限小数的分数。

（1）$\frac{1}{16}$ （2）$\frac{1}{18}$ （3）$\frac{1}{20}$ （4）$\frac{1}{25}$ （5）$\frac{1}{28}$ （6）$\frac{1}{32}$

〈解答〉因为只有（1）、（3）、（4）、（6）的分母的质因数为 2 或 5，所以它们能够化成有限小数。

（1）$\frac{1}{16}=\frac{1}{2^4}=\frac{5^4}{2^4\times5^4}=\frac{625}{10000}=0.0625$ （3）$\frac{1}{20}=\frac{1}{2^2\times5}=\frac{5}{2^2\times5^2}=\frac{5}{100}=0.05$

（4）$\frac{1}{25}=\frac{1}{5^2}=\frac{2^2}{2^2\times5^2}=\frac{4}{100}=0.04$ （6）$\frac{1}{32}=\frac{1}{2^5}=\frac{5^5}{2^5\times5^5}=\frac{3125}{100000}=0.03125$

不过，（2）$\frac{1}{18}=\frac{1}{2\times3^2}=0.0\dot{5}$，（5）$\frac{1}{28}=\frac{1}{2^2\times7}=0.03\dot{5}7142\dot{8}$ 是循环小数。

应用问题❷ 请找出下列分数中能够化成有限小数的分数。

（1）$\frac{3}{15}$ （2）$\frac{9}{21}$ （3）$\frac{14}{35}$ （4）$\frac{35}{42}$ （5）$\frac{35}{49}$ （6）$\frac{49}{56}$

〈解答〉一般我们都需要先清楚约分到最后的最简分数里分母的质因数为多少。将上面的分数进行约分，可得：(1) $\frac{1}{5}$；(2) $\frac{3}{7}$；(3) $\frac{2}{5}$；(4) $\frac{5}{2\times3}$；(5) $\frac{5}{7}$；(6) $\frac{7}{2\times2\times2}$。（1）、（3）、（6）的分母的质因数为 2 或 5，所以它们是有限小数。（2）和（5）分母的质因数为 7，（4）分母的质因数为 2 和 3，所以它们是循环小数。

论题2 当最简分数的分母的质因数不为 2 或 5 时，把这个分数化成小数后所得到的一般都是循环小数，请用除法运算 47 ÷ 74 来举例说明。

〈解答〉因在题中的除法运算当中，余数依次为 26、38、10、26……由于第四个余数与第一个余数相同，那么从第五个商开始就会按顺序不断重复（循环）前面的商。

```
       0.6351
74 ) 47.0000
     44 4
      2 6
      2 22
        380
        370
         100
          74
          26
```

即，$\frac{47}{74}=47\div74=0.6351351\cdots=0.6\dot{3}5\dot{1}$ 是一个循环小数。

循环节位数是根据最简分数的分母的质因数不为 2 或 5 的数来定的。

$\frac{47}{74}=\frac{47}{2\times37}$ 里分母的质因数中不为 2 或 5 的数为 37，这就决定了这个小数的循环节位数为 3（参考本册第 81 页的 [表一]）。

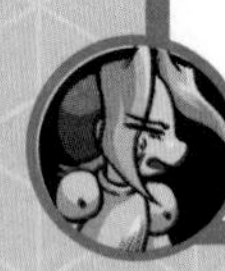

146 欧卡队长

凑近

晃动

咚咚

看来这就是打开
魔法阵的暗号了。
这个有点难啊！

感觉像是在指什
么方向……

瘫坐

那要怎么办？
一点头绪都没
有啊……

要不您还是放
弃算了！
绝对不行！

146章-1
突袭
判断题

循环小数 0.4747⋯ = $0.\dot{4}\dot{7}$ 的循环节为 47，循环节位数为 2。

等等！也许我们现在被什么东西给蒙蔽了也说不定。
是什么东西在蒙蔽我们呢？

首先就是这些箭头！

他们指的是方向吧？
当然了！

咚

蒙蔽我们的就是这个！
什么？

这些箭头并不是在指方向，它们不过就是些没有任何意义的符号罢了。

正确答案 ○（解析见第165页）

哆哆的解题思路

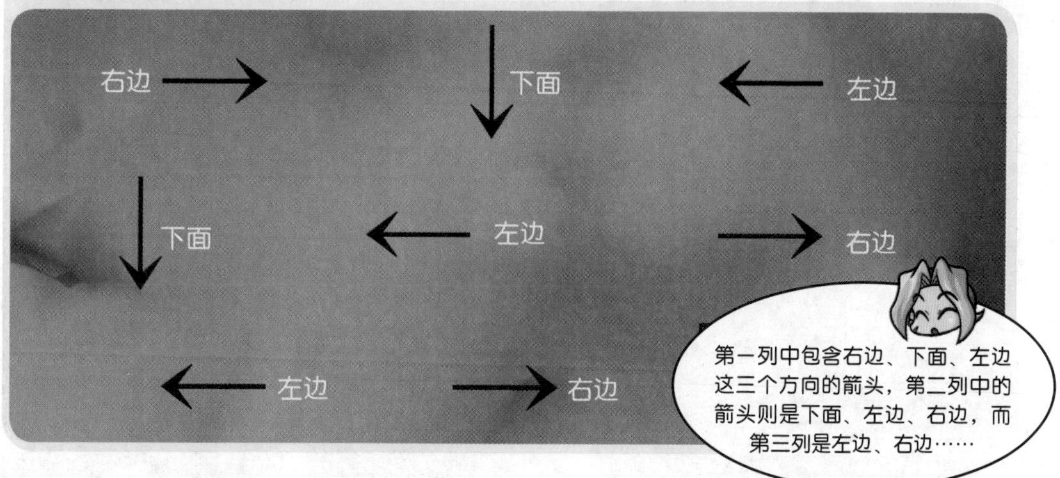

右边
下面
左边
下面
左边
右边
左边
右边
第一列中包含右边、下面、左边这三个方向的箭头，第二列中的箭头则是下面、左边、右边，而第三列是左边、右边……

剩下的这一个是什么呢？
下面！

答对了！
嗒

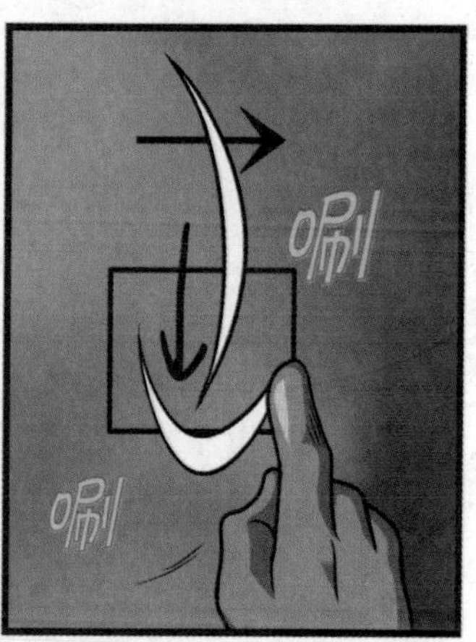

唰
唰

啪啊啊

这、这里就是黑翼
的本部？！

你们吸血鬼就这
么缺人才吗！
呵呵

怎么能让这么一个上
不了台面的少年来当
大王呢？

请你说话注意一点！
做得好，
皮皮……

我们吸血鬼里的人
才可是多到超乎你
想象的。这上不了
台面的小子之所以
能当上大王纯粹是
因为运气好……
生气

你刚才说什
么呢？
唔！

你那是在维
护我吗？
我是在
维护您……
惊慌

146章-2
突袭
判断题

$\frac{203}{700}$是循环小数。

够了。我是黑翼的队长欧卡。

你们绑架无辜少女，还把她人为改造成妖怪，真是罪无可恕！
愤怒

你们既然未经允许就跑到别人的地盘上，看来你们是有话要说？

看来你不仅长得丑，脑子也不灵光。莫非吸血鬼都是这样的？
噗

请你闭嘴！大部分吸血鬼都不是这样的，只有很小一部分的吸血鬼才这样！
这又是……

正确答案 ×（解析见第165页）

给我听好了，
脑子不灵光
吸血鬼王……

想要做成大事就必须得做些小牺牲。你清楚了吗？
嘻嘻

小牺牲？要是牺牲的是你，你还说得出这种话吗？

手下们，给我上吧！
唰

看来跟你是说不通了。那就没有办法了。
起

咻咻咻咻

天哪

嘭
嗒嗒嗒

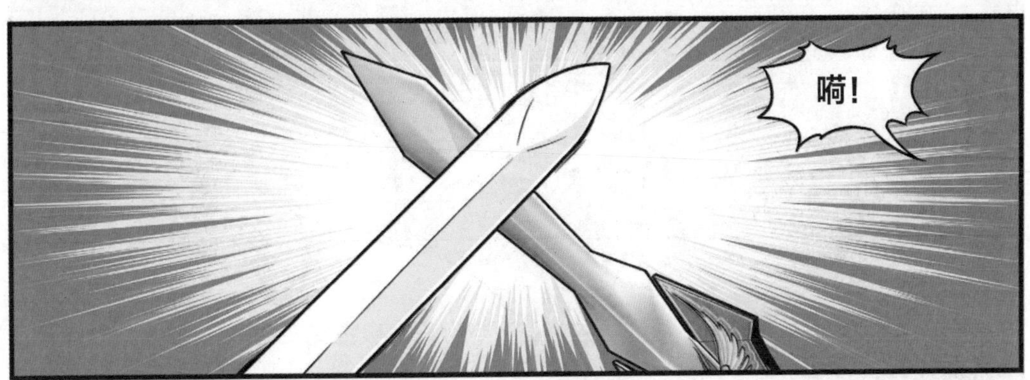
嗬!

不管他再怎么呆头呆脑，
大王也还是大王！

砰砰
只有吸血鬼王才能使出的“吸吸剑法”！

当他的剑碰到别人武器的瞬间，就像连通了电流一样，别人的能量会不断地被他吸收！
铮

不论有多少对手，他都能边吸收边战斗，压根就不会疲惫。

唰啦

这就是连名字都非常吸血鬼的吸吸剑法！

啊

嘭

嗖嗖

146章-3
押宝
填空题

一个最简分数分母的质因数只是 2 或 5 的话，这个最简分数是（　　）小数。

惊

当
当

正确答案 有限（解析见第 165 页）

真是了不起。

我们吸血鬼里最差的也就这样了！现在你该知道我们吸血鬼的实力了吧……
飞飞

啪

欧卡输了，我认输！
举手

认输就行了？把受你们改造的牺牲者名单交出来！还有把能让他们恢复正常的方法说出来！

啊……
不稳

你怎么了？

闪闪
闪闪
闪闪

我有点头晕，你能扶我起来吗？

伸

您别靠近她，她在骗您！

欧卡没有骗人，
我是真的头晕。
呜
呜

虽然她是
反派头头，
不过……
应该没有那么
坏吧！

赶紧扶我……

不行！

伸

146章-4
押宝
填空题

假设 n 为小于 10 的自然数，且 $\frac{n\times13\times17}{2\times5\times7}$ 是有限小数的话，那么 n=（　　）。

握

刺

我欧卡也会吸收能量。这次就让我把你的能量全都吸干净吧。
嘿嘿

愚蠢……我可是吸血鬼王。你少在关公面前耍大刀！

我会一滴不剩地全都吸光光！
扯

正确答案 7（解析见第 165 页）

瘫倒

您没事儿吧？
摸
当然没事了。

呃

愚蠢的是你吧。你们
竟然不知道大家都叫
我“毒后”！
嘿嘿

啊
啊

原来她假装自己会吸
收能量，趁机让吸血
鬼王把她身体里的毒
全都吸走！

咚

手下们，还不给我起来！是在等我发火吗？
愤怒

呃呃

飞
对不起，没能守护住您！

快把那边那个傻小子给我抬出去。
是，队长。

要不抬到外面给埋了吧？

就随便把他扔到外面吧。
是！

大步
大步
大步

培养创造力
和数理论述
实力
提高创造力数学教室

2 循环小数和循环节（2）

领域 数和运算　　能力 创造性思维能力

假设分数单位$\frac{1}{n}$中的n的质因数不为2或5，那么它就不是有限小数，而是一个循环节会不断反复的循环小数。这些我们已经在第30页的数学教室1里通过论题1和论题2进行了学习。

〈参考〉**循环小数属于无限小数，不循环的无限小数叫作无理数，例如$\sqrt{2}=1.4142\cdots$、$\sqrt{3}=1.73205\cdots$、$\pi=3.141592\cdots$都是无理数。**

从现在开始，我们来了解一下在已知循环小数循环节的条件下，如何找出符合条件的对应分数吧。我们利用计算器来计算$\frac{5}{9}$，$\frac{45}{99}$，$\frac{345}{999}$，$\frac{2345}{9999}$，$\frac{12345}{99999}$这些式子的话，可以依次得出$0.\dot{5}$, $0.\dot{4}\dot{5}$, $0.\dot{3}4\dot{5}$, $0.\dot{2}34\dot{5}$, $0.\dot{1}234\dot{5}$。从这一结果来看，我们可知当分母为k个9、分子为k位数的时候，$\frac{n_1 n_2 \cdots n_k}{99\cdots9}$就一定会等于$0.n_1n_2\cdots n_k$（$n_1\sim n_k$为0～9）。下面我们就来证明一下这个理论吧。

论点1 **请找出循环小数 0.123123⋯=$0.\dot{1}2\dot{3}$ 化成分数的方法。（提示：你可以设 $x=0.\dot{1}2\dot{3}$，并把 x 再替换成 $1000\times x$。）**

〈解答〉假设 0.123123⋯=$0.\dot{1}2\dot{3}=x$ 的话，那么 $1000\times x=123.123\cdots$。

$(1000\times x)-x=(123.123\cdots)-(0.123\cdots)=123\Rightarrow 999\times x=123\Rightarrow x=\frac{123}{999}$。

由此可得，循环节为“123”的循环小数 $0.\dot{1}2\dot{3}$ 可化为$\frac{123}{999}$，化成最简分数后为$\frac{41}{333}$。

应用问题① **请将 $0.\dot{4}$, $0.\dot{5}\dot{8}$, $0.\dot{0}57\dot{6}$ 用分数形式表示出来。**

〈解答〉这里使用的原理与论点1解答当中的一致，可以证明上述小数能化成这样的分数——分母为 99⋯9，9 的位数等于循环节位数；分子则为循环节。

那么就能得出 $0.\dot{4}=\frac{4}{9}$、$0.\dot{5}\dot{8}=\frac{58}{99}$、$0.\dot{0}57\dot{6}=\frac{0576}{9999}=\frac{576}{9999}$。

当循环节为“0576”这种在自然数前面还出现“0”的时候，就要把 0 抹掉直接写成“576”。

给大家再举几个例子，$0.\dot{0}1\dot{0}$ 可以化成$\frac{010}{999}=\frac{10}{999}$，$0.\dot{0}0\dot{4}$ 可以化成$\frac{004}{999}=\frac{4}{999}$。

论点2 **请解释说明 0.999⋯=$0.\dot{9}$=1。**

〈解答〉假设 0.999⋯=$0.\dot{9}=x$，那么 $10\times x=9.\dot{9}$，则 $10\times x-x=9\times x=9$。因此可得，$x=9\div9=1$。同理可证，1.999⋯=$1.\dot{9}$=2。

循环小数当中，如果循环节从小数点后第一位数开始，那么这个循环小数就被称为纯循环小数；反之则被称为混循环小数。

论题1 请解释说明如何把混循环小数 $0.ab\dot{c}d\dot{e}$ 转化为分数。

〈解答〉$0.ab\dot{c}d\dot{e} = 0.ab + 0.00\dot{c}d\dot{e} = 0.ab + \frac{1}{100} \times 0.\dot{c}d\dot{e} = \frac{ab}{100} + \frac{1}{100} \times \frac{cde}{999}$

$$= \frac{1}{99900} \times [(1000-1) \times ab + cde] = \frac{ab000 + cde - ab}{99900} = \frac{abcde - ab}{99900}$$

$$= \frac{(\text{小数点后的所有数字}) - (\text{小数点后的非循环部分})}{99900}$$

（循环节位数的9）——999　00——（非循环部分位数的0）

应用问题2 请将下列混循环小数转化为分数。(不需要约分)

(1) $0.4\dot{7}$　(2) $0.12\dot{3}$　(3) $0.00\dot{3}\dot{7}$　(4) $0.123\dot{4}\dot{5}$

〈解答〉(1) $\frac{47-4}{90} = \frac{43}{90}$　(2) $\frac{123-12}{900} = \frac{111}{900}$　(3) $\frac{37-00}{9900} = \frac{37}{9900}$　(4) $\frac{12345-123}{99000} = \frac{12222}{99000}$

论题2 整数部分不是零的小数叫作带小数，带小数都大于或等于 1。例如 1.2、23.07。若把它们化成分数形式就变成了像 $1\frac{1}{5}$、$23\frac{7}{100}$ 这样的带分数，而且它们都是假分数的一种形式。请证明可以直接把既是带小数又是混循环小数的 $a.b\dot{c}d\dot{e}$ 化成分数。

〈解答〉可以证明 $a.b\dot{c}d\dot{e} = a + 0.b\dot{c}d\dot{e} = a + \frac{bcde-b}{9990} = \frac{a \times (10000-10) + bcde - b}{9990}$

$$= \frac{a \times 10000 - a \times 10 + bcde - b}{9990} = \frac{abcde - ab}{9990}$$

在这个公式里，分母为没有整数部分的混循环小数 $0.b\dot{c}d\dot{e}$ 的分母；而公式里的分子则为包含了所有数字的混循环小数 $0.ab\dot{c}d\dot{e}$ 的分子。我们也可以使用 $a + 0.b\dot{c}d\dot{e} = a + \frac{bcde-b}{9990}$ 的方法来证明，不过这个方法在化成假分数的时候会更加复杂。

应用问题3 请把下列混循环小数直接化为假分数。(不需要约分)

(1) $2.4\dot{7}$　(2) $27.12\dot{3}4\dot{5}$

〈解答〉(1) $\frac{247-24}{90} = \frac{223}{90}$　(2) $\frac{2712345-2712}{99900} = \frac{2709633}{99900}$

请用计算器确认一下吧。

论点3 不用除法运算请将 $\frac{3679}{9900}$ 化为混循环小数。

〈解答〉这道题有点难。我们先来看看分母，它必须为 $\frac{3679}{9900} = \frac{abcd - ab}{9900} = 0.ab\dot{c}\dot{d}$。假设 ab=36，那么 79+ab 就要向百位数进一位，所以这时无解。下面我们假设 ab=37，那么 37cd−37=3679，即 3700+cd=3679+37，可得 cd=16。综上所述，答案为 $0.37\dot{1}\dot{6}$。

当表演落下帷幕之后

哆哆应该能解
决好吧……

要是阿兰英雄
你去肯定就万
无一失了……
丽琳，别说了。

啊，我真的
快疯了！
嗯？

怎么会这样……
您怎么了？

你知道我们家的招牌是苹果汁吧？

当然了，真的非常好喝。
开心

每年这个时候我都会收购大量的苹果用来做苹果汁，可是今年收成不好，苹果几乎都是坏的。
咚

147章-1
突袭
判断题

99.$\dot{9}$ 等于 100。

你们看看。
真的烂得很厉害呢。

我算了一下，这一袋子里95%的苹果都是坏的。

担忧
要做苹果汁起码也得有一袋新鲜苹果才行……现在我压根儿就不知道究竟要买几袋这样的苹果，才能确保*可以凑齐一袋新鲜的苹果。

*确保：确实地保持或保证。

我来帮您算算吧？

咳咳
那我就开始了。

你算得出来？
当然啦！
哇

正确答案 ○ （解析见第166页）

一袋苹果里坏的占 95% 的话，新鲜的苹果就只有 5%。那么，当我们买了 100 袋苹果的时候，新鲜苹果能有几袋呢？

新鲜的苹果有 5 袋。

没错。要想得到 5 袋新鲜的苹果，就需要买 100 袋！
是这样的。

如果我们要确保能有 1 袋新鲜的苹果，那我们需要买多少袋呢？

阿兰的解题思路

$5:100=1:x \quad 5\times x=100\times 1$

$5x=100 \quad x=\frac{100}{5}\to\frac{20}{1}$

答案：20袋

5 袋新鲜的苹果需要买 100 袋的话，那 1 袋就需要买 20 袋……

原来是 20 袋！
竟然这么简单！
哈哈

我马上去订货！
跑跑

阿兰你怎么连数学都这么厉害！
阿兰成长了许多……
嘿嘿！
这算什么！

这都多亏了哆哆教导得好。

阿兰你的数学是跟谁学的呀？
这有什么好学的！我这么优秀都是与生俱来的。
骄傲

怒视
胡扯

有什么是你不会的吗？
这个问题有点难啊？

这也太心浮气躁了吧。
闪闪
闪闪
闪闪

我去一下洗手间！
嗒嗒嗒
去吧，有事儿就喊我。

怒视

干吗？

你适可而止啊。
我怎么了？

要是丽琳发现了怎么办？
够了！

我从现在开始努力变成丽琳心目中那个帅气的男生不就行了嘛，你少管我。

这孩子越来越……
懵

管得可真够宽的！
大步
大步

哆哆怎么这么久还没回来？

嗒
嗒

坐下

咚
咚

起

147章-2
突袭
判断题

若把 $2.12\dot{3}\dot{4}$ 化成假分数的话，就为 $\frac{21234-212}{9900}=\frac{21022}{9900}$。

咚咚

你好，鲁邦！

你是谁呀？
为什么会知道
我的名字？

正确答案 ○（解析见第 166 页）

我是人造妖怪
黑暗树桩！
你是黑暗树桩？
！

惊慌
那可是人造妖
怪中最凶恶的
家伙啊……

你原来是个这么
小的小女孩啊？
嗯。

你居然没死？
欧卡队长还特
地派我来为你
报仇……
这些事儿以后
再说……

一位叫哆哆的人去了黑翼本部……他现在怎么样了？

死了呗！谁能打得赢我们队长啊！

哽咽

惊吓
你哭了？

瞪视
黑暗树桩，你变得很奇怪哦。你是个人造妖怪，就要有人造妖怪的样子！

他很善良，他们都很善良……
呜
呜

是的，我是人造妖怪，我完全不记得以前的事情了，但是没有人规定，人造妖怪就只能干坏事啊！
呜
呜

我决定了。我以后就要站在善良的一方，让他们能够开心快乐地生活！

你！你知不知道你这话已经够得上叛变罪了？你这样我是不会放过你的！
愤怒

不会放过我……

还轮不到你来说这话！
气势
汹汹

147章-3
押宝填空题

如果 118 ÷ 99 不用除法来进行运算，而是把分数 $\frac{118}{99}$ 以循环小数的形式表示出来为（　）。

吓呆

说、说得是……
我根本就不是黑
暗树桩的对手。

还是逃吧！
咻

呵呵

啪

哐当

正确答案 1.19（解析见第 166 页）

当当

黑暗树桩是万
树之王，你总
该清楚吧？

饶、饶命啊。
哆嗦
哆嗦

不过也是，你有
什么错呢？
对、对啊，我不过
是听从欧卡大人的
吩咐罢了……

现在你就要听
我的吩咐了。

你能做
到吧？
嗯

小声
小声

你怎么去了
这么久？
嗒
嗒
嗒

我一般时间都
比较长。
便秘！这种痛苦我
也深有体会。

哐

嗒嗒嗒

哐
咚

是人造妖怪！应该
是从黑翼来的。

哆哆怎么样了？

虽然我不知道哆哆是谁，不过有一个小眼睛的孩子跑过来，最后死……

嘘

唔

你说他死了？！
没有，我可没说过！

尴尬
你刚才明明就说“有一个小眼睛的孩子最后死”……
这、这个嘛？

我是想说最后死没死我就不知道了。你要让人把话说完啊！

147章-4
押宝
填空题

$\frac{\overline{abcde}}{99900}$的循环节位数为（ ）。

废话
不多说……
愤怒
我是人造妖怪鲁邦！我是奉命前来解决掉你们的！

阿兰，我好害怕。请你赶紧把它赶走。
我、我吗？

丽琳，阿兰实力不够。我们要合力解决它才行。
你说阿兰实力不够？

丽琳，别担心。我不会让它伤害你们的。

姐姐，说话注意点！
生气

正确答案 3（解析见第 166 页）

战斧！
唰唰

握住

哆哆
嗦嗦

小朋友，武器挺沉的吧？我看你的手都快断了。
倒

吃力

怎么办！战斧太沉了，他站都站不稳。

咻咻咻

嗡嗡
哐当

哎哟！
晃悠悠

这傻子……碰都没碰到，你为什么就倒了呢？
晕

这个妖怪……还没被打到就自己倒了？
没、没有吧。应该是打到哪儿了吧？
愣住

你的实力好强啊，竟然一招就戳到了我的命门——脚趾……

断气了

我要这样躺到什么时候啊……

阿兰你竟然把人造妖怪打败了！

哇

哎哟，总算糊弄过去了。

培养创造力
和数理论述
实力

循环小数和循环节（3）

提高创造力数学教室

 数和运算　　能力 创造性思维能力

我们把这次在《冒险岛数学奇遇记55》数学教室1、2当中学过的内容全部整理如下：

（1）分数单位的定义、把分数单位转化成小数时得到的有限小数和循环小数的定义；

（2）循环小数里循环节和循环节位数的定义；

（3）循环小数中纯循环小数和混循环小数的定义；

（4）纯循环小数和混循环小数各自转化成分数的方法；

（5）带有自然数的循环小数转化成分数的方法；

（6）不运用除法，把分母为“9…90…0”形式的分数转化成循环小数的方法。

上述（6）中的分数简化之后，就是分母为质数的分数。

［提问］不运用除法来计算1÷41的值，请用循环小数的形式来表示分数$\frac{1}{41}$。

要想求出这道题的答案就需要把41×N转换成99…9的形式。

换句话说，就是41×N=99…9=9×（11…1）当中有几个9或1构成的数能成为41的倍数。我们需要算出到底有几个这样的数，但是这几乎是不可能的事情。

不过若是我们参考下面的［表一］，就可以知道质数41的循环节位数是多少了。

在［表一］中，41的循环节位数为5，所以可知我们要求的分母为5个9组成的99999。又因为循环节必须为5位数，则$\frac{1}{41}=\frac{2439}{41\times2439}=\frac{02439}{99999}=0.\dot{0}243\dot{9}$。实际上若我们将99999进行整数分解（会后续说明），则可得99999=9×11111=9×41×271。同理，我们可以知道$\frac{1}{271}$也是一个循环节位数为5的小数。这个通过［表一］也可以知道。

［表一］当p为质数时，$\frac{1}{p}$的循环节位数（蓝色数字是循环节位数为1~30的最小质数）

质数p	2	3	5	7	11	13	17	19	23	29	31	37	41	43	47	53	59	61	67	71
循环节位数	0	1	0	6	2	6	16	18	22	28	15	3	5	21	46	13	58	60	33	35
质数p	73	79	83	89	97	101	103	107	109	113	127	131	137	139	149	151	157	163	167	173
循环节位数	8	13	41	44	96	4	34	53	108	112	42	130	8	46	148	75	78	81	166	43
质数p	179	181	191	193	197	199	211	223	227	229	233	239	241	251	257	263	269	271	277	281
循环节位数	178	180	95	192	98	99	30	222	113	228	232	7	30	50	256	262	268	5	69	28
质数p	283	293	307	311	313	317	331	…	…	757	…	…	…	859						
循环节位数	141	146	153	155	312	79	110	…	…	27	…	…	…	26						
质数p	3191		3541		4649		9091		9901		17389		21401		21649		52579		333667	
循环节位数	29		20		7		10		12		17388		25		11		18		9	
质数p	909091		2071723		2906161		5882353		99990001		…		19个1		…		23个1		…	
循环节位数	14		17		15		16		24		…		19		…		23		…	

［注意］请大家记住当p为质数时，$\frac{1}{p}$的循环节位数通常都会小于（p-1）。这是因为在除以p之后，所得的余数一般都小于（p-1）。当前面出现过的余数在后面又再次出现的时候，这就意味着后面商的值会依次等于前面出现过的，所以$\frac{1}{p}$的循环节位数是不可能大于p的。

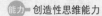

应用问题 **不要用除法将分数$\frac{4}{37}$转化成循环小数。**

〈解答〉因为质数 37 的循环节位数为 3，所以$\frac{4}{37}=\frac{m}{999}=\frac{m}{9\times111}=\frac{m}{9\times3\times37}=\frac{9\times3\times4}{9\times3\times37}$ $=\frac{108}{999}=0.\dot{1}0\dot{8}$。

我们把前面［表一］当中循环节位数为1到8的最小质数整理出来，制成了［表二］。

［表二］循环节位数为n的最小质数p（循环节位数为1~8）

循环节位数n	1	2	3	4	5	6	7	8
质数p	3	11	37	101	41	7	239	73
循环小数$\frac{1}{p}$	$0.\dot{3}$	$0.\dot{0}\dot{9}$	$0.\dot{0}2\dot{7}$	$0.\dot{0}09\dot{9}$	$0.\dot{0}243\dot{9}$	$0.\dot{1}4285\dot{7}$	$0.\dot{0}04184\dot{1}$	$0.\dot{0}136986\dot{3}$

尤其是像质数7的循环节位数为6的这种情况，质数p的循环节位数最大为（p–1）的时候，p就被称为全循环质数。

看一下［表一］，就能发现7、17、19、23、29、47、59、61……都为全循环质数。把它们用循环小数的形式表示出来就是下面这样。

$\frac{1}{7}=0.\dot{1}4285\dot{7}$，$\frac{1}{17}=0.\dot{0}58823529411764\dot{7}$，$\frac{1}{19}=0.\dot{0}5263157894736842\dot{1}$，

$\frac{1}{23}=0.\dot{0}43478260869565217391\dot{3}$，$\frac{1}{29}=0.\dot{0}34482758620689655172413793\dot{1}$，

$\frac{1}{47}=0.\dot{0}21276595744680851063829787234042553191489361\dot{7}$，

$\frac{1}{59}=0.\dot{0}16949152542372881355932203389830508474576271186440677966\dot{1}$，

$\frac{1}{61}=0.\dot{0}1639344262295081967213114754098360655737704918032786885245\dot{9}$

对于循环节位数为（p–1）的质数p来说，其倒数$\frac{1}{p}$的循环节有特殊的性质。

下面我们就用$\frac{1}{7}=0.\dot{1}4285\dot{7}$的循环节142857来举例说明。

$\frac{1}{7}=0.\dot{1}4285\dot{7}$的循环节A=142857，把它最左边的数字1挪到最右边的话就成了428571，这个数正好是142857的3倍。接下来的285714是A的2倍，857142是A的6倍，再接着571428是A的4倍，714285则是5倍。另外，A的7倍为999999，因为循环节位数为6，所以意味着这个数由6个9组成。

当（p–1）位上的自然数为A的1倍、2倍、3倍…、（p–1）倍的时候，A里面的数字顺序不变且连续循环的话，A就被称为循环数。

所有的全循环质数p里，若$\frac{1}{p}$的循环节位数为（p–1），那么这个循环节在数字上就是一个循环数。大家可以试着证明一下“$\frac{1}{17}$的循环节也满足这一特性”。我们会在后面的数学教室5当中看到更多关于循环数的应用题。

148 终结*者阿鲁鲁

*终结：最后结束。

扑棱
扑棱

落

跪倒
呜呜……您竟然就这样死了……

不管您是好是坏，我们毕竟也是有感情的……
呜
呜

睁眼

天啊！

您没死……不是，您没死？
干吗！你是不是巴不得我死了才好？

感觉我差一点就要死了。
咳
咳

大王不愧是大王。要是中毒的是我，我早就死上十次八次了……

我肚子里像是有把火在烧一样，这么看来她的毒是火系的？
应该是……

这样的话……
转

我要借助水的力量把毒药给吐出来。

巍巍
巍巍
水就是解药了。

这能行吗？

148章-1
突袭
判断题

p 为质数，若 $\frac{1}{p}$ 的循环节位数为 $(p-1)$，p 就被称为全循环质数。

总要试试。
喘
喘

不行的话就
只能死了！
扑通

怎么办

!

咕噜噜

正确答案 ○（解析见第 166 页）

我的天……他真的把毒药
吐出来了！

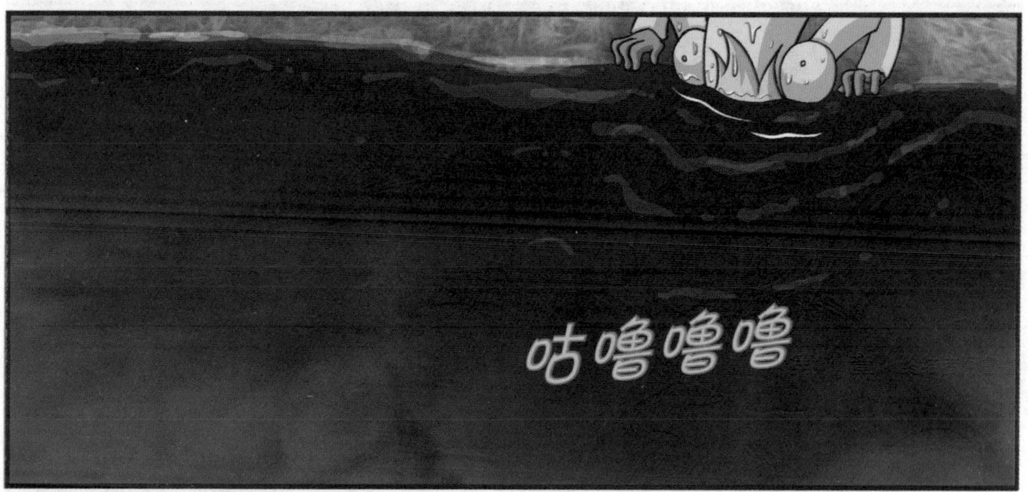
咕噜噜噜

噗哈

翻倒

吸血鬼王，您
成功了！
喘息
我也知道……
喘息

不过这片池塘
却被污染了。

到协会拿点消毒
剂洒进来就
没事儿了。

那也救不了这里
面的鱼虾……
这倒也是。

刚才我看这
里的金鱼还
挺多的……

估计都死了……
趴

唰哗哗
哎呀！

啪嗒
啪嗒

扑通

它们全部变成吸血毒金鱼了！
活着就好！我马上就给你们解毒。

148章-2
突袭
判断题

循环节位数为 4 的最小质数为 101。

不管怎么样，
您还活着真是
太好了。

撒什么谎，你
心里想什么我
一清二楚。

我现在没力气就
先忍下了，等我
恢复了看我怎么
收拾你！

估、估计您收拾
不了我了，因为
我也抓住了您的
小辫子。
哼

刚刚在黑翼
本部里……

我的小辫子？

正确答案 ○（解析见第 166 页）

吓
您不就是因为被欧卡迷得神魂颠倒，才掉进了她的陷阱嘛！
应该没有那么坏吧！

你胡说什么呢！我才没有被她迷住！
啪
那是为什么？

我不过是被邪恶的黑魔法给蒙蔽了而已……

不是被欧卡的美貌给迷花了眼？
绝对不是，我发誓！

知道了。
还好你理解我。
呼

吓一跳
我并不理解您。我打算把这个情况跟默西迪丝小姐说一下，再问一下她的意见，分析一下您到底有没有被迷住……

紧张
皮皮，你为什么要这样？你平时对我有什么不满吗？

吸血鬼王说要收拾我一顿，那我不是也得自己想些办法嘛……
那是我开玩笑的，哈哈哈！

您不会再收拾我了吧？
那当然啦。不过你也不能跟默西迪丝说这些，知道了吗？

竟然把毒给
解了……

*对策：对付的策略或办法。

原来这家伙还真有两把刷子。看来我需要再想想其他更好的对策*了。

148章-3
押宝
填空题

已知 $\frac{1}{7}=0.\dot{1}4285\dot{7}$，不计算只用眼睛看就可以知道 $0.\dot{5}7142\dot{8}=\frac{(\quad)}{7}$。

正确答案 4（解析见第 166 页）

这里就是你的安身*之处？

身：指在某地居住或生活（多用在困窘的处境下）。

不过这里还蛮适合
荒芜大陆最强战士
居住的。

请你出来！

若是让我一直等
的话……
嗖

握紧

我就把这里都
给污染了！

咚
咚
啪

嘿嘿

嗖

跑跑跑

客人都到门口了，不邀请我进去坐坐吗？
那也得是客人才行。

垃圾我是不会带进家里的。

扑哧

我遇到了麻烦，
需要你出马把他
解决掉。

我已经隐退了。

对终结者阿鲁鲁来
说，隐退是不存在
的。因为只要有解决
不了的麻烦出现……

我就会再次
需要你。

你不要忘了我
手里还握有你
的把柄！

还有一点……

你不想让你关心的人死掉吧！

气愤

抖抖
抖抖

是谁？
你想让我
解决的人是……

皇后娘娘，您看起
来脸色不好。

我没睡好，这几
天晚上我一直都
在做噩梦。
倒头就睡的
宝儿……

要不我把噩梦讲给你听听？
好……
一听就是个乱七八糟的梦。

我梦到我在电梯里面。

电梯门开了……
嗡嗡

我准备出去。

定住
但是我的身体却动不了。

嗡嗡
结果电梯门又关上了……

我就趴在门上
放声大哭。
嗷呜

这梦还真像那么
回事儿。
你用魔法师
的力量帮我
解梦吧！

首先重要的是要弄
清楚电梯外面有什
么。为什么您想要
出电梯呢？

这、这个嘛……

您得告诉我才
行！只有这样
我才能给您解
梦，让您不再
伤心！

我太伤心了
不想说。

148章-4 押宝 填空题

如果 $\frac{1}{17}=0.\dot{0}58823529411764\dot{7}$，无须计算就可得 $\frac{5}{17}=(\ )$。

一定要说吗？
当然了！

在电梯外面
的是……

比萨。

有没有炒年糕？
认真配合你的我
就是个傻子。
耷拉

反正就是一个噩
梦！我总感觉马上
就有不好的事情要
发生了！
是……是……

正确答案 0.2941176470588235（解析见第 166 页）

啪啊

咚
咚

培养创造力
和数理论述
实力
提高创造力数学教室

4 循环小数和循环节（4）

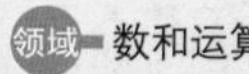
领域 数和运算

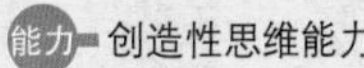
能力 创造性思维能力

不是2或5的质数p，其倒数$\frac{1}{p}$的循环节位数我们已经整理出来放在了数学教室3的［表一］里。假如分数单位的分母为p^n或k个不一样的质数之积$p_1\times p_2\times\cdots\times p_k$的时候，它的循环节位数又会是什么样的呢？为了找寻出这个答案，我们把许多数学家的发现成果综合到了下面的［表一］里。

［表一］分数单位$\frac{1}{N}$的循环节位数（p或p_i为2、5以外的质数）

（1）$\frac{1}{N}$的循环节位数小于或等于$(N-1)$。

（1.1）当N为质数p的时候，$\frac{1}{p}$的循环节位数就为（$p-1$）的约数。

若$\frac{1}{p}$的循环节位数等于（$p-1$）的话，p就为全循环质数。

例：$\frac{1}{13}$的循环节位数等于6 ⇒ 6为$(p-1)=12$的约数，

$\frac{1}{41}$的循环节位数等于5 ⇒ 5为$(p-1)=40$的约数，

$\frac{1}{17}$的循环节位数等于16 ⇒ 16为$(p-1)=16$的约数 ⇒ $p=17$为全循环质数。

（1.2）N为合数的时候，$\frac{1}{N}$的循环节位数当然会小于$(N-1)$。

（2）如果$\frac{1}{p}$的循环节位数等于$\frac{1}{p^2}$的循环节位数等于$\frac{1}{p^l}$的循环节位数，不等于$\frac{1}{p^{l+1}}$的循环节位数，那么$\frac{1}{p^{l+m}}$的循环节位数等于$p^m\times$（$\frac{1}{p}$的循环节位数）。

例：由于$\frac{1}{3}$的循环节位数等于$\frac{1}{3^2}$的循环节位数等于1，不等于$\frac{1}{3^3}$的循环节位数，所以$\frac{1}{3^4}$的循环节位数等于$3^2\times$（$\frac{1}{3}$的循环节位数）等于9，继而可得$\frac{1}{3^5}$的循环节位数等于$3^3=27$。

例：因为$\frac{1}{7}$的循环节位数等于6，不等于$\frac{1}{7^2}$的循环节位数，所以，$\frac{1}{7^2}$的循环节位数等于$7^1\times6=42$。

另外，$\frac{1}{7^3}$的循环节位数等于$7^2\times6=49\times6=294$。

（3）如果$p_1,p_2,\cdots,p_k$互为不相等的质数，那么，$\frac{1}{p_1\times p_2\times\cdots\times p_k}$的循环节位数是$\frac{1}{p_i}$的循环节位数之间的最小公倍数。

例：$\frac{1}{7\times11\times101}$的循环节位数就等于$\frac{1}{7}$的循环节位数等于6，$\frac{1}{11}$的循环节位数等于2和$\frac{1}{101}$的循环节位数等于4的最小公倍数12，通过正常计算，我们可以得出，$\frac{1}{7\times11\times101}=\frac{1}{7777}=0.\dot{0}0012858428\dot{7}$，所以，它的循环节位数为12。

（4）如果$N=2^a\times5^b\times p$的时候，$\frac{1}{N}=\frac{1}{2^a\times5^b\times p}=\frac{1}{2^a\times5^b}\times\frac{1}{p}$与$\frac{M}{10^c\times p}$（$c$为$a$、$b$中较大的那个数）相等，那么，$\frac{M}{p}$的循环小数中小数点后面的非循环部分会有$c$位数。

例：$\frac{1}{2^4\times5^2\times7}=\frac{1}{2^4\times5^4}\times\frac{5^2}{7}=\frac{1}{10^4}\times(3.\dot{5}7142\dot{8})=0.0003\dot{5}7142\dot{8}$

例：$\frac{1}{5^3\times41}=\frac{1}{2^3\times5^3}\times\frac{8}{41}=\frac{1}{10^3}\times(0.\dot{1}951\dot{2})=0.000\dot{1}951\dot{2}$

（5）$\frac{M}{N}$为最简分数的话，$\frac{1}{N}$的循环节位数等于$\frac{M}{N}$的循环节位数。

应用问题　请求出 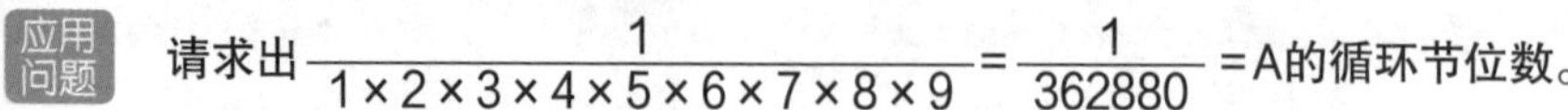 $\frac{1}{1\times2\times3\times4\times5\times6\times7\times8\times9}=\frac{1}{362880}$=A的循环节位数。

〈解答〉先将分母进行整数分解得到$(2^7\times5)\times3^4\times7$，那么，就可求出$\frac{1}{3^4\times7}$的循环节位数。

因为$\frac{1}{3^4}$的循环节位数等于9，$\frac{1}{7}$的循环节位数等于6，则9和6的最小公倍数18就是答案。

经过计算我们也可得A=$\frac{1}{362880}=\frac{1}{10^7}\times\frac{5^6}{3^4\times7}=\frac{1}{10^7}\times27.\dot{5}5731922398589065\dot{2}$

我们来提炼一下前面［表一］的主要内容。最简分数$\frac{M}{N}$里的分母N假设能被$2^a\times5^b\times p_1^{m_1}\times p_2^{m_2}\times\cdots\times p_k^{m_k}$（$p_i$为2、5以外的质数）整数分解的话，$10^r-1=999\cdots99$（$r$个9）里的$r$，也就是$p_1^{m_1}\times p_2^{m_2}\times\cdots\times p_k^{m_k}$的倍数里最小的值，一定要与$\frac{1}{N}$的循环节位数相等。最终，循环节位数为r的分数可以表示为下面这样的一般形式。

$$n+\frac{r\text{位数}}{999\cdots99\,(r\text{个}9)}\times\frac{1}{10^s}$$

因为$10^r-1=999\cdots99$（r个9）$=9\times111\cdots11$（r个1），如［表二］所示，"111…11"这个1不停重复了r遍的数是有特定质因数的，反之可以说这个特定的质因数决定了循环节的位数r。这种数就被称为重一数。当重一数有r位数的时候，这个数在《冒险岛数学奇遇记》系列从书中都被记为$1_{[r]}$。随着r数值的变化，$1_{[r]}$可能是质数，也可能是合数。

当r等于2、19、23、317、1031、49081…的时候，$1_{[r]}$为质数。一般大家都把$1_{[2]}$、$1_{[19]}$、$1_{[23]}$、$1_{[317]}$、$1_{[1031]}$、$1_{[49081]}$…等称为素重一数。

$$1_{[r]}=111\cdots11\ (r\text{个}1)=\frac{999\cdots99}{9}=\frac{10^r-1}{9}$$

［表二］重一数的整数分解（r=30以内的$1_{[r]}$，红色数字为循环节位数为r的质数）

r	重一数$1_{[r]}$的整数分解	r	重一数$1_{[r]}$的整数分解
1	-	16	11 × 17 × 73 × 101 × 137 × 5882353
2	11（质数）	17	2071723 × 5363222357
3	3 × 37	18	3^2 × 7 × 11 × 13 × 19 × 37 × 52579 × 333667
4	11 × 101	19	1111111111111111111（质数）
5	41 × 271	20	11 × 41 × 101 × 271 × 3541 × 9091 × 27961
6	3 × 7 × 11 × 13 × 37	21	3 × 37 × 43 × 239 × 1933 × 4649 × 10838689
7	239 × 4649	22	11^2 × 23 × 4093 × 8779 × 21649 × 513239（11^2的循环节位数=22）
8	11 × 73 × 101 × 137	23	11111111111111111111111（质数）
9	3^2 × 37 × 333667	24	3 × 7 × 11 × 13 × 37 × 73 × 101 × 137 × 9901 × 99990001
10	11 × 41 × 271 × 9091	25	41 × 271 × 21401 × 25601 × 182521213001
11	21649 × 513239	26	11 × 53 × 79 × 859 × 265371653 × 1058313049
12	3 × 7 × 11 × 13 × 37 × 101 × 9901	27	3^3 × 37 × 757 × 333667 × 440334654777631（3^3的循环节位数=3）
13	53 × 79 × 265371653	28	11 × 29 × 101 × 239 × 281 × 4649 × 909091 × 121499449
14	11 × 239 × 4649 × 909091	29	3191 × 16763 × 43037 × 62003 × 77843839397
15	3 × 31 × 37 × 41 × 271 × 2906161	30	3 × 7 × 11 × 13 × 31 × 37 × 41 × 211 × 241 × 271 × 2161 × 9091 × 2906161

〈参考〉3、3^2的循环节位数都是1。

149

魔界兄妹

我们在极魔界待了
那么久，这里却还
是原来的样子，没
怎么变啊。
四处看

因为极魔界的
一百年不过就
是人间的一天
而已！

那我们岂不是只
离开了几天？

我都没指望还能回
来，真是太好了！
哇

你要知道把你带回来的人是我！
哼，当初我们之所以坠入极魔界也是因为你。

那个时候真是不知道该怎么办。
哆嗦
我再也不想回忆了。
哆嗦

咚

这、这里就是魔界？
四处望

什么魔界，这里是极魔界！

跟魔界有什么不同吗？

不同的地方多了去了。因为穷凶极恶而被魔界驱逐出来的妖怪都聚居在极魔界里。

抖抖
抖抖

欢迎你们，俄尔塞伦兄妹。

你认识我们？
惊讶

当然了！我们手里握有人类坏蛋的名单。你们可是这份名单里的前几名，可以称得上是反派坏蛋中的精英了！

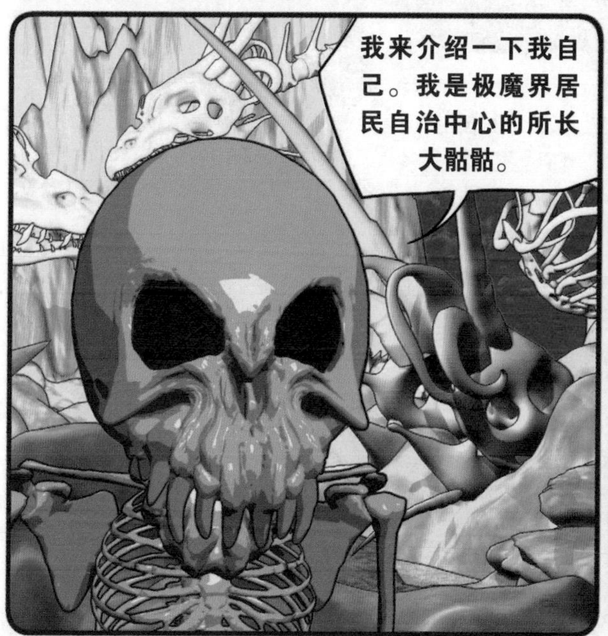
我来介绍一下我自己。我是极魔界居民自治中心的所长大骷骷。

请问您这个“骷骷”是“骷髅”的意思吗？

149章-1
突袭
判断题

质数 11、41、101 的循环节位数为 2、5、4 的时候，$\frac{10000}{11\times41\times101}$ 的循环节位数为 20。

给我闭嘴！不是这个意思！
那是？
你不需要知道，反正就是非常厉害的意思！

总之我们对你们很有好感，因为……

你们憎恨的人和我们是一样的。

*不共戴天之仇：形容仇恨非常深。

极魔界的恶魔也讨厌宝儿？
可不是一般的讨厌，我们之间有不共戴天之仇*！

正确答案 ○（解析见第 166 页）

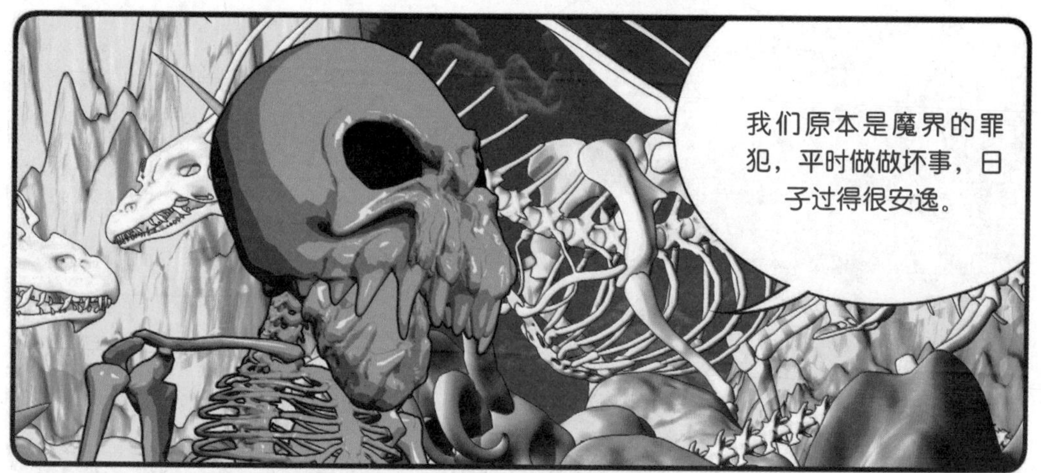
我们原本是魔界的罪犯，平时做做坏事，日子过得很安逸。

那时真的很幸福。

可是有一天宝儿
出现了！
咚
咚
咚

气
气
这家伙说她放假
太无聊就跑来玩
了。这像话吗？

太不像话了。
宝儿这个人存在就
很不像话啊。

那天之后我们
就被赶到极魔
界了……
接下来的事儿您不
说我们也清楚了。
呜
呜
呜
跟我们一模一样。
我听不下去了，实
在是太伤心了。

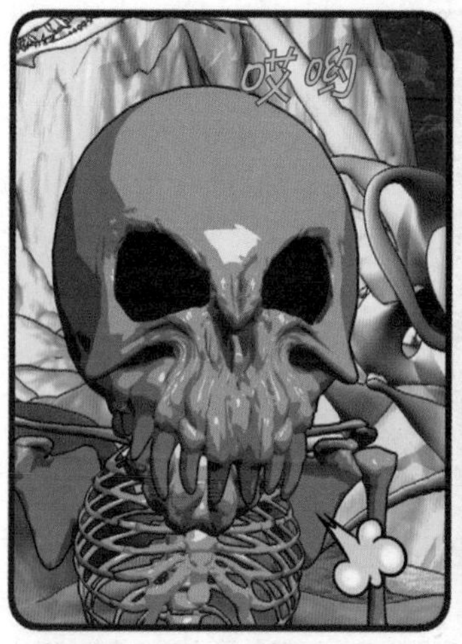
哎哟

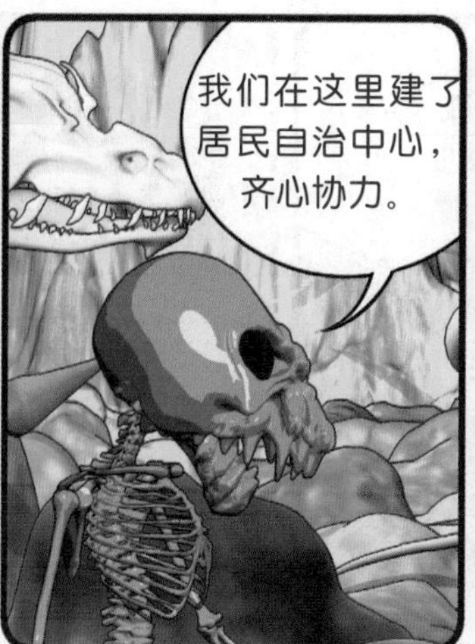
我们在这里建了居民自治中心，齐心协力。

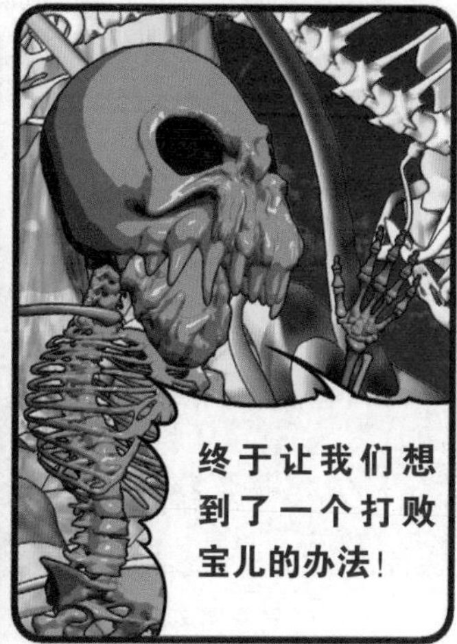
终于让我们想到了一个打败宝儿的办法！

真的吗？
好期待啊……
惊喜

*爪牙：爪和牙是猛禽、猛兽的武器，比喻坏人的党羽。

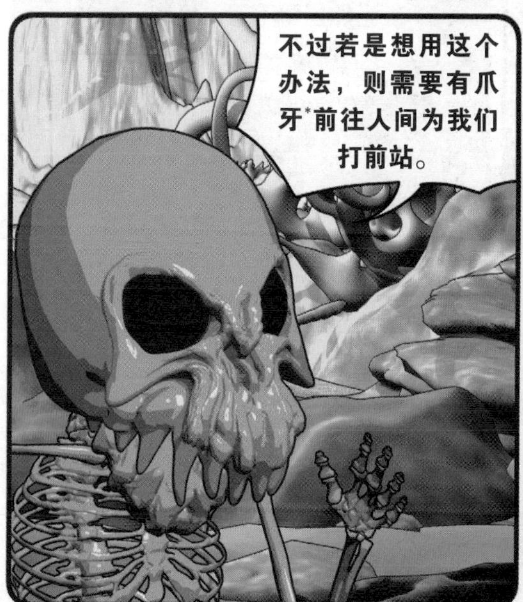
不过若是想用这个办法，则需要有爪牙*前往人间为我们打前站。

我们来帮你们……
我们正合适啊！

149章-2
突袭
判断题

循环节从小数部分第一位开始的，叫纯循环小数。

虽然我对你们很
满意，但是要想
做爪牙打前站
……嗯……
呵

你们还得通过
测试才行。
盯着

测试……
万一我们没有通
过测试怎么办？

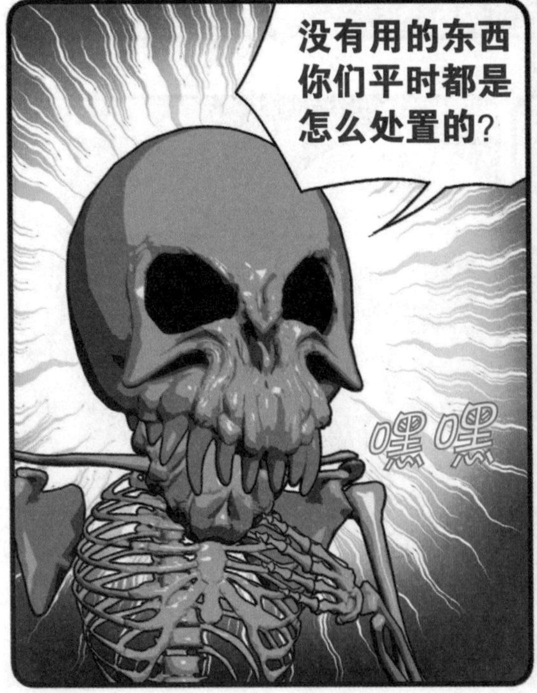
没有用的东西
你们平时都是
怎么处置的？
嘿嘿

当然是毫不留
情地给……

正确
答案
○（解析见第 167 页）

噗！

哆嗦
哆嗦

你们也别太害怕，通过就行了。

这个测试也没什么难的，答对一道简单的题目就行了。

我开始了！一个国王统治着一个小国家。

有一天晚上，哨兵*慌慌忙忙地跑了过来……
嗒嗒嗒

*哨兵：执行警戒任务的士兵的统称。

陛下，我刚才做了一个梦，梦到首相大人起兵造反了。
这个梦实在是太真实了，特来向您禀告。

我最信任的首相？
疑惑

陛下，请您一定要调查一番才行。俗话说，小心驶得万年船！

调查过后，发现哨兵的
这个梦是真的。多亏了
他，国王提前制止了首
相的造反。哨兵拯救了
整个王国。

问题来了！
国王会给哨兵
什么赏赐呢？

举手
回答！

国王会任命他为解
梦的官员，而且还
会让他近身伺候，
信任他。

掌管梦的
官员……说得
有点道理。

149章-3
押宝
填空题

把分数 $\frac{1}{2^3\times7^2}$ 转化成循环小数之后，非循环部分有（ ）位数。

不是的！

国王会处死
这个哨兵！
当

晕
立了功的人为什么
要处死他？！

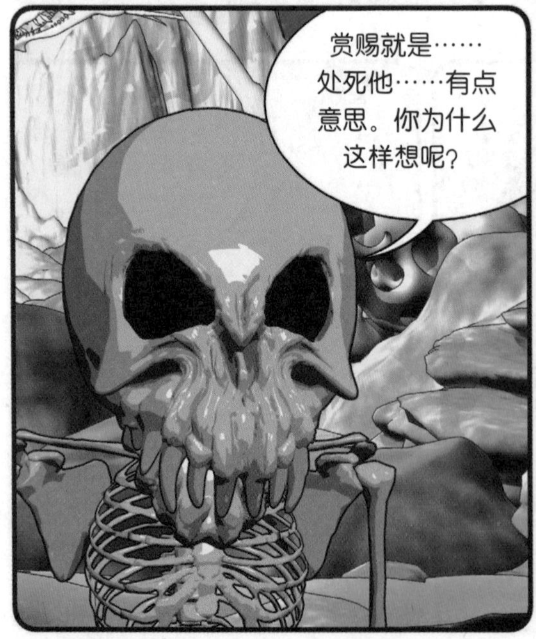
赏赐就是……
处死他……有点
意思。你为什么
这样想呢？

这个哨兵竟然做梦
了，就说明他在执勤
的时候睡着了。王宫
的哨兵偷懒睡觉就一
定要被处死！

正确答案 3（解析见第167页）

哈哈哈哈

真是合我心意！
回答正确！
我决定让你们兄妹
当我们的手下了。

哐当
哐当

要不是我那时答对了，我们还不知道会怎么样呢！
喊……

答对了测试也不等于没事儿了啊！百来年间，我们流血流汗，一直不停地接受着残酷的训练。

生气
再快点！
游击！游击！
妹妹，加油！
啊啊
我那时多照顾你呀！这你知道吧？

不错，我们兄妹齐心终于成了极魔界的爪牙，来为他们打前站！
直到打倒仇人宝儿为止，加油！
鼓劲

我又做梦了……
是、是……

149章-4
押宝
填空题

当$\frac{1}{p}$的循环节位数为 8 的时候，质数p最小为（ ）。

这次我成功地从
电梯里出来了。
真的吗？

嗯！而且我还
飞快地跑到桌
边吃掉了三份
比萨……

但正当我打算吃
炸年糕的瞬间，
又发生了一件可
怕的事情！
不安
不安

年糕少了许多！

嗯……
怎么会做这么不
吉利的梦啊……
太不吉利了！
呜呜呜

正确答案 73（解析见第 167 页）

出来散心的宝儿
和德里奇
啪嗒
啪嗒
啪嗒
啪嗒

您心情好
点了吗？

德里奇，要是
我出了什么事
儿的话……
没精神

这个国家就交给你了。

皇后娘娘，您
何出此言啊？

不知道为什么我总有种不祥的预感，我觉得我活不长了……

还挺厉害的嘛！竟然能提前知道自己的死期……

咚咚

培养创造力
和数理论述
实力
提高创造力数学教室

5 循环小数的运用

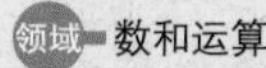
领域 数和运算

能力 创造性思维能力

若质数 p 的循环节位数为$(p-1)$，则 p 为全循环质数。当$\frac{1}{p}$以循环小数的形式出现的时候，我们知道它的循环节在数字上表现为循环数。例如，$\frac{1}{7}=0.\dot{1}4285\dot{7}$，它的循环节"142857"的 2 倍（285714）、3 倍（428571）…6 倍（857142）就都为循环数。

$\frac{1}{17}=0.\dot{0}58823529411764\dot{7}$的循环节"0588235294117647"的 2 倍、3 倍…16 倍也都为循环数。把这个循环节前面的"05"移到最右边"8823529411764705"，就是$\frac{15}{17}$的循环节，很明显它是$\frac{1}{17}$循环节的 15 倍，也是$\frac{5}{17}=0.\dot{2}94117647058823\dot{5}$循环节"2941176470588235"的 3 倍。运用这一原理，大家也可以想出很多关于移动数字的趣味数学题。

这时大家要记住在找r位数的问题里，循环节位数（循环节长度）与r位的质数p是有关联的。（详见数学教室3［表一］）

论点1 **6 位数 $abcdef$ 当中，把前面的 ab 移到最右边后可以形成新的 6 位数 $cdefab$，这个新的数是 $abcdef$ 的$\frac{1}{4}$。请运用循环小数的特性找出符合条件的 6 位数 $abcdef$。($a\neq0$，$c\neq0$)**

〈解答〉假设 $x=0.\dot{a}bcde\dot{f}$，那么 $100\times x=ab.cdefabcdef\cdots=ab.\dot{c}defa\dot{b}=ab+0.\dot{c}defa\dot{b}$。

因为 $0.\dot{c}defa\dot{b}=\frac{1}{4}\times0.\dot{a}bcde\dot{f}$，所以 $100\times x=ab+\frac{1}{4}\times x$（$ab$ 为两位数）。

由此可得 $400\times x=4\times ab+x\Rightarrow399\times x=4\times ab\Rightarrow x=\frac{4\times ab}{3\times133}=\frac{4\times ab}{3\times7\times19}$。

由于包含了质数 19 的分母其循环节位数为 18，那么两位数 ab 就是 19 的倍数。当它与分母里的 19 进行约分之后，19 会被消掉，因此 x 就为$\frac{4\times k}{3\times7}$（$k$=1、2、3、4、5）。接着我们把 1、2、3、4、5 代入 k 里面进行计算，依次可以求出 x 的循环小数为 $0.\dot{1}9047\dot{6}$、$0.\dot{3}8095\dot{2}$、$0.\dot{5}7142\dot{8}$、$0.\dot{7}6190\dot{4}$、$0.\dot{9}5238\dot{0}$。

按照题意，将这个数的前面两位数移至末端也是一个六位数，所以上面求出的第一个、第二个小数就不符合要求，那么我们能找到的就是剩下的 571428、761904、952380 这三个数。请大家确认一下这三个数是否符合题目要求吧。

论点2 **这道题与论点1不同，只把最前面的一位数移到最右端即可。6 位数 $abcdef$ 当中，把最前面的 a 移到最右端后可以形成新的 6 位数 $bcdefa$，这个新的数是 $abcdef$ 的$\frac{1}{4}$。请找出符合条件的数 $abcdef$。($a\neq0$，$b\neq0$)**

〈解答〉这道题同上面一题的解法相同。

假设 $x=0.\dot{a}bcde\dot{f}$，那么 $10\times x=a.\dot{b}cdef\dot{a}=a+0.\dot{b}cdef\dot{a}=a+\frac{1}{4}\times x$，由此可得

$40\times x=4\times a+x\Rightarrow39\times x=4\times a\Rightarrow x=\frac{4\times a}{3\times13}$。

将 1、2、…9 分别代入 a 当中进行计算来求出它的循环小数的话，可以发现当 a=1、2、3 的时候，$bcdefa$ 里的 b 等于 0，所以它不是一个六位数；当 a 为 4 到 9 的时候，具体如下所示。

$$\frac{4\times4}{3\times13}=0.\dot{4}1025\dot{6},\quad \frac{4\times5}{3\times13}=0.\dot{5}1282\dot{0},\quad \frac{4\times6}{3\times13}=0.\dot{6}1538\dot{4},$$

$$\frac{4\times7}{3\times13}=0.\dot{7}1794\dot{8},\quad \frac{4\times8}{3\times13}=0.\dot{8}2051\dot{2},\quad \frac{4\times9}{3\times13}=0.\dot{9}2307\dot{6}。$$

于是我们能找到410256、512820、615384、717948、820512、923076这六个数。在这里面，如果再附加“要求每个数位的数字都不一样”这一条件的话，那就只有410256、615384、923076这三个数符合条件了。

在上面的 论点1 和 论点2 里面，我们知道假设循环节位数为6的话，质数7和13就会为分母的因数（约数）。质数13虽然不是全循环质数，但是在$\frac{k}{13}$（k=1、2、…、12）转化成循环小数时，我们会发现循环数被分成两组的情况。质数p的“循环数的数组个数”可以运用下面这个公式求出来：（数组的个数）=（$p-1$）÷（p的循环节位数）。因为质数41的循环节位数为5，所以$\frac{k}{41}$（k=1、2、…、40）当中就有8（=40÷5）个循环数的数组。

下面就是一道要运用质数41的特性来解答的题目。

论点3 **有一个五位数 $abcde$，把前面的 abc 移到最右端后会形成一个新的五位数 $deabc$，这个新的数是 $abcde$ 的$\frac{5}{8}$。请找出符合条件的数 $abcde$（$a\neq0$，$d\neq0$）。**

〈解答〉假设 $x=0.\dot{a}bcd\dot{e}$，那么 $1000\times x=abc.\dot{d}eab\dot{c}=abc+0.\dot{d}eab\dot{c}=abc+\frac{5}{8}\times x$。

继而可得 $8000\times x=8\times abc+5\times x\Rightarrow 7995\times x=8\times abc\Rightarrow x=\frac{8\times abc}{5\times3\times13\times41}$。

最后这个式子的分母里包含有 13×41 的因数，它的循环节位数为 30，所以 13 会被约分。

再者，要想这个数成为一个纯循环小数，那么它的因数 5 也需要被约分，所以三位数 abc 应该为 5×13=65 的倍数。最后我们可以得到 $x=\frac{8\times k}{3\times41}$（$k$=1、2、…、15）。把 d=0 的情况都排除之后，可以找到 19512、26016、32520、39024、45528、52032、58536、65040、71544、78048、84552、91056、97560 这 13 个符合条件的数。

其中每个数位的数字都不一样的数只有 39024、91056、97560 这三个。

最后，我们来练习一下循环小数当中那些容易让人混淆的运算吧。

应用问题

请把下列等式中错误的找出来。

（1）$0.0\dot{4}+0.0\dot{8}=0.1\dot{2}$　（2）$0.\dot{3}+0.\dot{4}=0.\dot{7}$　（3）$0.\dot{4}\dot{7}+0.\dot{5}\dot{3}=1$

（4）$0.\dot{2}+0.\dot{7}=1$　（5）$0.4\dot{7}+0.5\dot{3}=1$　（6）$0.\dot{6}\times0.\dot{6}=0.\dot{4}$

（7）$0.\dot{1}\times0.\dot{1}=0.\dot{0}\dot{1}$　（8）$0.\dot{3}\times0.\dot{3}=0.\dot{1}$　（9）$3\times0.0\dot{5}=0.1\dot{5}$

〈解答〉在进行循环小数的运算时，我们常常会先把小数化成分数，然后再进行运算。

（2）、（4）、（6）、（8）这几个等式是正确的，其余是错误的。

（1）$\frac{4}{90}+\frac{8}{90}=\frac{12}{90}=\frac{13-1}{90}=0.1\dot{3}$　（3）$\frac{47}{99}+\frac{53}{99}=\frac{100}{99}=1+\frac{1}{99}=1.\dot{0}\dot{1}$

（5）$\frac{43}{90}+\frac{48}{90}=\frac{91}{90}=1+\frac{1}{90}=1.0\dot{1}$　（7）$\frac{1}{9}\times\frac{1}{9}=\frac{1}{81}=0.\dot{0}1234567\dot{9}$

（9）$3\times\frac{5}{90}=\frac{15}{90}=\frac{16-1}{90}=0.1\dot{6}$

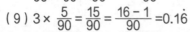

150 宝儿，变干净了

俄尔塞伦兄妹！
以后要叫我们魔界兄妹才对。

惊
你们去魔界了？

去的是比魔界更深、更邪恶的地方！

呃
极魔界……

我们带着极魔界前辈们的积怨来找宝儿报仇了！
激动

就凭你们？皇后娘娘可是由我守护的！
哼！
竟敢在我们面前强出头？

嚯

魔界光线发射！

刺刺刺刺

德里奇！

现在你可没空去担心别人！

哐

150章-1
突袭
判断题

循环小数的加法运算中 $0.\dot{4}\dot{3}+0.\dot{5}\dot{7}=1$。

疑惑
?
?

这是我们和极魔界的前辈们商量了好久才制成的无菌室，专门用来逮捕你的！

虽然我不知道你们说的是什么意思，不过你们以为这么一个东西就能困住我？

真是无知。无菌室是指经过消毒杀死一切细菌让人变得超级干净的房间。

干净的房间？
我并不怎么喜欢干净……
尴尬

正确答案 ×（解析见第 167 页）

极魔界的前辈们
经过长期的研究
发现了你拥有超
能力的秘密！
你身体里的抗魔细
菌就是这个秘密！
这些细菌让你能够
压制魔界的妖怪。

呃嗝
噗呜
臭气
你那厉害的三大武
器——放屁、打嗝、脚
臭都会释放出抗魔细
菌，在你的周边形成一
道防护膜。

惊讶
他们竟然这么
厉害，能发现
我的秘密！

不过在无菌室
里，这一切都
是没有用的！
哈哈

用特殊材料制成的魔界紫外线探照灯！

以及装有魔界超强过滤功能的空气净化器！

这两个装置能把你身体里的抗魔细菌全部消灭！

惊慌
失措

哈哈哈

我的身体会变得很干净？

德里奇，快帮帮我！
哐
哐

嗒嗒嗒

德里奇？
四处望

150章-2
突袭
判断题

$0.\dot{4}+0.\dot{5}=1$。

居然逃走了？
噗哈哈

喘
喘

哆嗦
哆嗦
哆嗦

现在就来消灭你体内的抗魔细菌吧！魔界能量释放！

嘶啦啦

正确答案 ○（解析见第 167 页）

咳
咳
嘶啦啦

呀吼！
天下无敌的宝儿马上就要死在我们手里了！

瘫倒

晕厥

你们这些极魔界的
爪牙是要被
天诛地灭的！
吓到

当
当

快看！不知道从
哪里拿个玩具就
跑过来了。
我们可没时间
陪你玩儿……

这可不是玩具，
是用来消灭妖怪
的圣水剑！

圣、圣水？
惊

受死吧！
嚯

唰啦啦啦

150章-3
押宝
填空题

经计算可知 $0.\dot{6}\times0.\dot{6}$ 等于（ ）。

唰啦啦

嗒嗒嗒

哼！

嗒嗒嗒

正确答案 $0.\dot{4}$（解析见第 167 页）

砰

惊慌

皇后娘娘!

嗒
嗒

轻轻放

听

天哪，竟然已经
没有心跳了！
吓

雷击充电！
举

刺刺
刺
刺

啪刺

动弹…

咳
咳

行了，活过来了！

嗒嗒嗒嗒

150章-4
押宝
填空题

19 为全循环质数，而 $\frac{1}{19}=0.\dot{0}52631578947368421\dot{1}$。循环节是一个循环数，那么我们从循环数的特性可得 $0.\dot{7}8947368421052631\dot{5}$ 等于 $\frac{(\ )}{19}$。

*病危：病势危险。

皇后娘娘现处于病危*状态。

请你们做好心理准备……

正确答案 15（解析见第 167 页）

怎、怎么会
这样。

呼吸
呼吸

皇后娘娘体内的
抗魔细菌已经全
部消失了吗？
是的，杀菌进行得
非常彻底，现在什
么都找不到了。

我们让皇后娘
娘走吧。
不行！决不
能这样！

要想使宝儿恢复的话，就
得把抗魔细菌再次注入她
体内，让她产生对魔界能
量的抵抗力……

哎呀，好痒啊。莫不是魔界光线带来的后遗症*？
痒痒

你先去休息一会儿吧。

*后遗症：比喻由于做事情或处理问题不认真、不妥善而留下的消极影响。

你还是去澡堂泡个热水澡，消除一下疲劳吧。
泡澡？！

请问皇后娘娘平时洗澡吗？

作为她的老乡这些我还是很清楚的，她这个人平时根本就不洗澡。
小声
嘀咕

偷瞄

医生，请您现在马上去检查一下皇后娘娘的肚脐眼。
啊？

赶紧去！
知道了。

就这样，他们急忙从宝儿的肚脐眼里找到了污垢进行采样检查，发现……

我的天哪……

这里面有各种各样的细菌。连现在灭绝了的古代细菌都有。
有抗魔细菌吗？

*培养：以适宜的条件使繁殖。

当然有！而且还非常多！

开心
请立刻进行细菌培养*并给皇后娘娘注射进去！

不可思议的是，一注射完抗魔细菌，宝儿立刻就恢复了意识
皇后娘娘！
啊

打嗝

这个嗝就能证明
皇后娘娘已经恢
复健康了。
哈哈

掀开

噗呜

还能放屁！
祝贺您痊愈！
呕吐

皇后娘娘痊愈了，
万岁！

耷拉

打起精神来，反正我们也没指望一次就能成功……
对，再说宝儿这个对手也实在太强大了……

虽然我们失败了，可是我们也没白干。

那是当然，我们趁宝儿晕厥的时候……
嘻嘻

已经成功打开了连通极魔界和人间的大门！

咚
咚

虽然这个门有点小，没办法实现大量传送……
如果能够大量传送，我们就能把极魔界的前辈们都叫上来一起征服人间……

不过让一两位上来是没问题的！
兴奋
给我等着吧，宝儿！你的死期马上就要到了！

回头

跑跑跑

不要紧，我现在
健康得很！

医生说了让您
好好休息，千万
不要勉强。

德里奇，谢谢你。

谢什么，请皇后娘娘不要忘了我会一直守护在您的身边。
真的吗？

打嗝

对、对不起，我不小心。

味道很难闻吗？

忍住
味道很香浓……
宝儿，脏一点也没关系，只要你健健康康地活着就好！

我们说好了，
欧卡。

当然了。我最信
守承诺了。
走近

只要这次的事情成功了，我就把朱卡还给你。

哐当

好，那我就把那个家伙给你解决掉！

哆哆和阿鲁鲁的对决会怎么样呢？敬请期待《冒险岛数学奇遇记》第56册！

趣味数学题解析

145 章-1

解析 $\frac{1}{3}$=0.333……是无限小数，圆周率 π 为 3.1415……小数点后的数字会无限地继续下去，所以它也是无限小数。这时，由于 π 是一个不循环的无限小数，所以它不能用自然数的分数来表示，属于无理数。另外，像 2.14 这种数位是有限的小数就叫作有限小数。

145 章-2

解析 不是“大分数”，而是“带分数”。

145 章-3

解析 整数部分是零的小数叫作纯小数，整数部分不是零的小数叫作带小数。纯小数都小于 1，带小数都大于或等于 1。

145 章-4

解析 分母为正整数、分子为 1 的分数$\frac{1}{n}$就被称为分数单位。因为分数单位的大小 $\frac{1}{2}>\frac{1}{3}>\frac{1}{4}$……所以最大的分数单位为$\frac{1}{2}$。

146 章-1

解析 小数点后面不断重复出现的某节数字叫作循环节，循环节的长度（数字的个数）叫作循环节位数。

146 章-2

解析 要想知道一个数是否为循环小数，只要了解题中所给的分数化成最简分数之后的分母的质因数是否不为 2 或 5。因为 $\frac{203}{700}=\frac{7\times29}{7\times100}=\frac{29}{100}$，所以 $\frac{203}{700}$ 是有限小数。

146 章-3

解析 当最简分数的分母的质因数只有 2 或 5 的时候，分母和分子都乘以 2^m5^n，就能得出一个分母为 10^k 的分数，因此这个最简分数就是有限小数。但是如果最简分数的分母的质因数为 2 或 5 以外的数的话，这个分数就一定是循环小数，而循环小数属于无限小数。

146 章-4

解析 要想这个小数为有限小数，最简分数的分母的质因数就只能为 2 或 5。因此它必须能和 7 约分，所以 n=7。虽然 14、21 等数也是可以约分的，但是又因为 n 为小于 10 的自然数，所以 n 只能等于 7。

147 章-1

解析 $0.999\cdots=0.\dot{9}=1$，所以 $99.\dot{9}=99+0.\dot{9}=99+1=100$。

147 章-2

解析 循环节位数为 2，小数点后的非循环数字有 2 个，所以分母为 9900。也可以用 $2.12\dot{3}\dot{4}=2+0.12\dot{3}\dot{4}=2+\dfrac{1234-12}{9900}=2+\dfrac{1222}{9900}=\dfrac{19800+1222}{9900}=\dfrac{21022}{9900}$ 的方法来求解，但是太过复杂了。

147 章-3

解析 循环节位数为 2，小数点后没有非循环的数字，由此可得小数为 $a.\dot{b}\dot{c}$，又因为从 $118=abc-a$，可得 $abc=119$，所以答案为 $1.\dot{1}\dot{9}$。

147 章-4

解析 因为分母中 9 的个数为循环节位数，0 的个数为非循环部分的位数，所以循环节位数为 3。

148 章-1

解析 如果 p 为质数，$\dfrac{1}{p}$ 的循环节位数为（$P-1$）的话，P 就是全循环质数，且 $\dfrac{1}{p}$、$\dfrac{2}{p}$、$\dfrac{3}{p}$ $\cdots\dfrac{p-1}{p}$ 的循环节都为循环数。

148 章-2

解析 从本书的数学教室 3 的［表一］可得，质数 101 的循环节位数为 4。

148 章-3

解析 7 是全循环质数，而 571428 是 142857 的循环数之一。前面的“571”大约是“142”的四倍，根据循环数的性质可以确定前面的数是后面的四倍。由此可得 $0.\dot{5}7142\dot{8}=\dfrac{1}{7}\times 4=\dfrac{4}{7}$。

148 章-4

解析 质数 17 为全循环质数，$\dfrac{1}{17}$ 的循环节为循环数。现在求 $\dfrac{5}{17}$ 化成循环小数后为多少，我们知道“0588”的 5 倍为“2940”，那么在 $\dfrac{1}{17}$ 的数列中找出 294 照着继续写下去就是循环节“2941176470588235”，所以 $\dfrac{5}{17}=0.\dot{2}94117647058823\dot{5}$。

149 章-1

解析 质数 p_1、p_2、p_3 之积为分母的最简分数，其循环节位数为 p_1、p_2、p_3 这三个质数的循环节位数之间的最小公倍数。因为 2、5、4 的最小公倍数为 20，所以题目中分数的循环节位数为 20。

149 章-2

解析 循环节不是从小数部分第一位开始的，叫作混循环小数。

149 章-3

解析 从$\frac{1}{2^3\times7^2}=\frac{5^3}{2^3\times5^3\times7^2}=\frac{5^3}{10^3\times7^2}$可以看出这个分数的分母里包含 10^3，可得非循环部分的位数有 3 位。

149 章-4

解析 从本书数学教室 3 当中的 [表一] 和 [表二] 可得质数 73 的循环节位数为 8。在 73 后面，137 的循环节位数也为 8。

150 章-1

解析 因$\frac{43}{99}+\frac{57}{99}=\frac{100}{99}=1+\frac{1}{99}=1+0.\dot{0}\dot{1}=1.\dot{0}\dot{1}$。

50 章-2

解析 $\frac{4}{9}+\frac{5}{9}=\frac{9}{9}=1$，另外 0.44⋯ +0.55⋯ =0.99⋯ =$0.\dot{9}=1$。

50 章-3

解析 因为 $0.\dot{6}=\frac{6}{9}=\frac{2}{3}$，所以 $0.\dot{6}\times0.\dot{6}=\frac{2}{3}\times\frac{2}{3}=\frac{4}{9}=0.\dot{4}$。

50 章-4

解析 我们知道$\frac{1}{19}$的循环节为“052631578947368421”，其循环数为$\frac{2}{19}$、$\frac{3}{19}$、⋯、$\frac{18}{19}$的循环节。题中所给循环节前面的“7894”除以$\frac{1}{19}$循环节前面的“0526”可得“15.0076⋯”。因此题中的分数为$\frac{15}{19}$。

由于这些数的位数太多，所以无法用普通的计算器计算出答案。